10 分钟完成的

10 minutes

小分量 轻晚餐

甘智荣 主编

U0389477

吉林科学技术出版社

图书在版编目（CIP）数据

10分钟完成的小分量轻晚餐 / 甘智荣主编. -- 长春: 吉林科学技术出版社，2019.11
ISBN 978-7-5578-5191-0

I．①1… II．①甘… III．①食谱 IV．①TS972.12

中国版本图书馆CIP数据核字(2018)第257526号

10分钟完成的小分量轻晚餐
10 FENZHONG WANCHENG DE XIAO FENLIANG QINGWANCAN

主　　编　甘智荣
出 版 人　李　梁
责任编辑　穆思蒙
封面设计　深圳市金版文化发展股份有限公司
制　　版　深圳市金版文化发展股份有限公司
幅面尺寸　173 mm×243 mm
字　　数　150千字
印　　张　9.5
印　　数　1-7000册
版　　次　2019年11月第1版
印　　次　2019年11月第1次印刷
出　　版　吉林科学技术出版社
发　　行　吉林科学技术出版社
地　　址　长春市净月区福祉大路5788号出版集团A座
邮　　编　130118
发行部电话/传真　0431-81629529　81629530　81629531
　　　　　　　　　　81629532　81629533　81629534
储运部电话　0431-86059116
编辑部电话　0431-85610611
印　　刷　吉林省创美堂印刷有限公司
书　　号　ISBN 978-7-5578-5191-0
定　　价　49.90元

快节奏生活，

慢品味美食。

一天的工作忙碌又操劳，

拖着疲惫的身躯回到家，

总会希望餐桌上有新鲜的菜肴，

再贵的外食也比不过吃进胃里的那份温暖。

在熟悉的气息中，做一顿简单的晚餐，

不用花多少时间，真是再舒心不过了。

10分钟，少油烟，小分量，

让美食快速上桌，让美丽与美食兼得。

一个人也能吃得省事又满足，

一个人也要吃出幸福与安康。

·CONTENTS·
目录

Chapter ①

快速做好小分量晚餐的诀窍

Chapter ②

晚餐首选——营养易消化

Chapter 3

想要好身材，晚餐要轻食

Chapter 4

滋润身心，当选元气汤

Chapter 5

晚 8 点后的"晚晚餐"

晚餐首选
——营养易消化

不只有蔬菜易消化，
鸡肉、鱼肉等也是晚餐的首选。
荤素搭配，
才能让晚餐美味又健康。

香辣莴笋丝

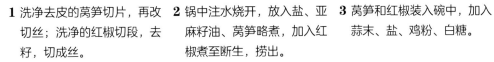 2人份

烹饪时间： 6分钟

电器：
微波炉　电烤箱　电磁炉　电蒸锅　榨汁机

准备材料：

莴笋340克，红椒35克，蒜末少许，盐、鸡粉、白糖各2克，生抽3毫升，辣椒油、亚麻籽油各适量

捞出后沥干水分，以免冲淡调味料的滋味。

1 洗净去皮的莴笋切片，再改切丝；洗净的红椒切段，去籽，切成丝。

2 锅中注水烧开，放入盐、亚麻籽油、莴笋略煮，加入红椒煮至断生，捞出。

3 莴笋和红椒装入碗中，加入蒜末、盐、鸡粉、白糖。

Tips

制作凉拌菜时，食材焯水的时间不宜过长，以免影响食材鲜嫩的口感。

4 加入生抽、辣椒油、亚麻籽油拌匀，盛出即可。

凉拌四季豆

烹饪时间：6分钟

电器：

微波炉　电烤箱　**电磁炉**　电蒸锅　榨汁机

准备材料：

四季豆200克，红椒10克，蒜末少许，盐3克，生抽3毫升，鸡粉、陈醋、芝麻油、食用油各适量

1 洗净的四季豆切成3厘米长的段；洗净的红椒切开，去籽，再切成丝。

2 锅中倒水烧开，加入少许食用油、盐。

3 倒入四季豆，煮约3分钟。

4 捞出四季豆，再加入红椒丝焯煮片刻，捞出，倒入碗中。

可根据个人口味调整用量。

5 放入蒜末、盐、鸡粉、生抽、陈醋、芝麻油，拌匀至入味，装入盘中即可。

Tips
生食四季豆会导致食物中毒，必须要焯煮熟透，方可食用。

茄汁蒸娃娃菜

🍚 2人份

烹饪时间： 10分钟

电器：

 微波炉　 电烤箱　 电磁炉　 电蒸锅　 榨汁机

准备材料：

娃娃菜300克，红椒丁、青椒丁、番茄酱各5克，盐、鸡粉各2克，水淀粉10毫升，食用油适量

1 洗净的娃娃菜切开，再切瓣，装在蒸盘中，摆好，待用。

2 电蒸锅烧开，放入蒸盘。

3 盖盖，蒸约5分钟至食材熟软，断电后取出蒸盘。

调汁可加入少许白糖，会使菜肴的口感更清甜。

4 炒锅置电磁炉上烧热，放入食用油，倒入青椒丁、红椒丁炒匀，放入番茄酱炒香。

5 加入鸡粉、盐，再用水淀粉勾芡，调成味汁。

6 盛出味汁，浇在蒸盘中，摆好盘即成。

豆角烧茄子

烹饪时间： 10分钟

电器：

微波炉　电烤箱　电磁炉　电蒸锅　榨汁机

准备材料：

豆角130克，茄子75克，肉末35克，红椒25克，蒜末、姜末、葱花、白糖各少许，盐、鸡粉各2克，料酒4毫升，水淀粉、食用油各适量

烧至四五成热。

1 洗净的豆角切长段；洗好的茄子切成长条；洗净的红椒切碎末。

2 热锅注油烧热，倒入茄条翻匀，炸约2分钟，捞出。

3 油锅中再倒入切好的豆角，炸约1分钟至其呈深绿色，捞出。

Tips

茄条炸好后最好沥出多余的油，这样菜肴才不会太油腻。

4 用油起锅，倒入肉末炒至变色，撒上姜末、蒜末炒香，倒入红椒末炒匀，倒入炸过的食材，用低火翻炒均匀。

5 加入少许盐、白糖、鸡粉、料酒炒匀，用水淀粉勾芡，盛入盘中，撒上葱花即成。

辣拌土豆丝

烹饪时间：6分钟

电器：

微波炉　电烤箱　电磁炉　电蒸锅　榨汁机

准备材料：

土豆200克，青椒20克，红椒15克，蒜末少许，盐2克，味精、辣椒油、芝麻油、食用油各适量

1 去皮洗净的土豆切成片，再改切成丝。

2 洗净的青椒切开，去籽，切成丝；洗好的红椒切段，去籽，切成丝。

3 锅中注水烧开，加少许食用油、盐，倒入土豆丝，略煮。

土豆丝捞出后过一遍冷水，口感更爽脆。

4 煮好的土豆丝捞出，沥干水分，装入碗中，放入青椒丝、红椒丝。

5 加盐、味精、辣椒油、芝麻油、食用油，用筷子充分翻拌均匀。

6 拌好的材料盛入盘中，撒上蒜末即可。

松软炸藕

 1人份

烹饪时间： 6分钟

电器：

 微波炉   电烤箱   电磁炉   电蒸锅   榨汁机

准备材料：

莲藕200克，低筋面粉50克，生粉、面包糠各10克，椰子油500毫升，盐2克，沙拉酱20克

莲藕中间的孔洞要清洗干净，以免有泥沙。

1 取空碗，倒入低筋面粉、生粉、盐，倒入50毫升清水，搅匀成面糊。

2 莲藕去皮切片，倒入面糊中，搅拌均匀。

3 裹匀面糊的莲藕片粘上面包糠，装盘待用。

4 锅中倒入椰子油，烧至六成热，放入莲藕片炸约2分钟至表面金黄，捞出，装盘，点缀沙拉酱即可。

Tips
面糊中可加入少许鸡蛋搅拌，味道更佳。

香脆酱油葱烧肉

 2人份

烹饪时间： 10分钟

电器： 微波炉　 电烤箱　 电磁炉　电蒸锅　 榨汁机

准备材料：

猪肉200克，去皮白萝卜300克，紫苏叶数片，大葱白20克，蒜末5克，白芝麻、白糖、生粉、黑胡椒粉各3克，盐2克，椰子油4毫升，生抽3毫升，味噌少许

1 洗净去皮的白萝卜剁碎，放在榨汁机中，打成白萝卜泥。

2 洗净的大葱白切成圈；洗好的紫苏叶去蒂，卷成卷，切丝。

3 洗净的猪肉切片，装碗，倒入椰子油，加入蒜末、生粉、黑胡椒粉、盐、白芝麻，拌匀。

> 如果猪肉含肥肉较少，可以先热油再煎肉。

4 取空碗，放入切好的大葱圈，加入生抽、味噌拌匀，待用。

5 热锅中倒入腌好的猪肉片，煎炒约3分钟至微熟且外表微黄，倒入大葱圈，翻炒约1分钟至食材熟透。

6 倒入白糖炒匀调味，盛出菜肴，装盘，放上白萝卜泥、紫苏叶丝即可。

金玉肉末

 2人份

烹饪时间： 6分钟

电器：
微波炉　电烤箱　电磁炉　电蒸锅　榨汁机

准备材料：

猪肉末50克，熟玉米粒30克，莲藕150克，葱花少许，盐2克，料酒8毫升，白糖5克，食用油适量

炒制时要将肉末炒散。

1 莲藕去皮，洗净，切成片，再切成小块。

2 用油起锅，倒入猪肉末，淋入料酒，炒香。

3 倒入熟玉米粒，翻炒均匀。

4 倒入莲藕块，拌炒均匀。

5 加入盐、白糖，盛出装盘，撒上葱花即可。

Tips

优质的莲藕的外皮应该呈黄褐色，肉肥厚而白。

花菜火腿肠

🍜 1人份

烹饪时间： 6分钟

电器：

微波炉　电烤箱　电磁炉　电蒸锅　榨汁机

准备材料：

火腿肠70克，胡萝卜50克，花菜100克，盐、鸡粉各2克，料酒、水淀粉各3毫升，食用油5毫升

也可以将胡萝卜切成末，更易熟也更美观。

1 洗净的花菜切小块；火腿肠切片；胡萝卜去皮，切片。

2 切好的花菜装碗，放入切好的胡萝卜片、火腿肠片。

3 加入盐、鸡粉、料酒、水淀粉、食用油拌匀。

4 装入杯中，封上保鲜膜，待用。

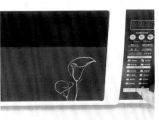

5 备好微波炉，放入食材，加热3分钟至熟，取出熟透的食材，撕开保鲜膜即可。

Tips

微波炉加热会带走食材中的部分水分使菜肴口感变干，可以在加热前给食材洒上少许清水。

 # 洋葱炒牛肉

 2人份

烹饪时间： 10分钟

电器：
微波炉　电烤箱　电磁炉　电蒸锅　榨汁机

准备材料：

腌制牛肉丝1份（做法见页码7"牛肉与鸡肉"），洋葱丝1份，熟菌菇1份（做法见页码7"蔬菜类"），冰格冷冻高汤2份，蒜末、大葱片、香菜段各少许，盐、黑胡椒碎各3克，番茄酱、橄榄油各适量

1 平底锅中倒入橄榄油，放入蒜末、洋葱丝爆香。

3 倒入腌制好的牛肉丝，炒至变色。

2 放入菌菇，炒出香味。

> 制作肉类菜肴可以使用猪骨高汤，成品更一香。

4 放入高汤，翻炒片刻。

5 撒入适量盐、黑胡椒碎，倒入适量番茄酱拌炒均匀。

6 放入大葱片，炒匀调味，盛出，放入香菜段即可。

双椒鸡丝

烹饪时间： 8分钟

电器：
微波炉　电烤箱　电磁炉　电蒸锅　榨汁机

准备材料：

鸡胸肉丝200克，青椒75克，彩椒35克，红小米椒圈25克，盐2克，花椒、鸡粉、胡椒粉各少许，料酒6毫升，水淀粉、食用油各适量

鸡胸肉丝可预先切好再冷冻，也可直接使用。

1 洗净的青椒去籽，切细丝；洗好的彩椒切细丝。

2 鸡胸肉丝加入盐、料酒、水淀粉，拌匀，腌制片刻。

3 用油起锅，倒入鸡胸肉丝、花椒、红小米椒圈、料酒炒匀。

4 倒入青椒丝、彩椒丝、盐、鸡粉、胡椒粉、水淀粉炒匀，盛出即可。

 Tips

腌制肉丝的时候可加入少许食用油，这样菜肴的口感更佳。

泰式炒鸡柳

🍜 2人份

烹饪时间： 10分钟

电器：
　　　微波炉　电炖锅　**电磁炉**　电蒸锅　榨汁机

准备材料：

鸡胸肉条150克，红彩椒、黄彩椒各80克，盐2克，青柠汁10毫升，椰奶、罗勒叶、葱段、食用油各适量

还可加入少许水淀粉，可使肉丝更嫩滑。

1 鸡胸肉条加少许盐、食用油拌匀。

2 红彩椒、黄彩椒分别切成丝，待用。

3 锅中注油烧热，放入葱段、红彩椒、黄彩椒炒片刻。

4 再放入鸡胸肉条，翻炒至颜色发白，调入盐，淋上青柠汁、椰奶炒入味，再放入罗勒叶炒匀即可。

 Tips

怕酸者可以将青柠汁的量酌情减少。

泰式青柠蒸鲈鱼

🍚1人份

烹饪时间： 10分钟

电器：

微波炉　电烤箱　电磁炉　电蒸锅　榨汁机

准备材料：

鲈鱼200克，青柠檬80克，蒜末、青椒各7克，朝天椒8克，香菜少许，盐2克，鱼露10毫升，香草浓浆26毫升，食用油适量

花刀切深一些，更易熟透。

1 处理好的鲈鱼划一字花刀，撒盐涂抹均匀，腌制片刻。

2 青柠檬取青柠汁；朝天椒、青椒切圈。

3 鲈鱼装入备好的蒸盘中，放入烧开水的电蒸锅中，隔水蒸8分钟至熟。

4 取一个碗，放入青椒、朝天椒、蒜末、青柠汁、香草浓浆、鱼露、香菜搅拌均匀，制成调味汁，待用。

5 揭开蒸锅盖，取出蒸盘，将调味汁淋在鱼上，浇上热油即可。

Tips

不要采尾巴呈红色的鲈鱼，因为尾巴呈红色表明鱼体内可能有损伤。

翡翠贻贝

 1人份

烹饪时间：10分钟

电器：

微波炉　电烤箱　电磁炉　电炖锅　榨汁机

准备材料：

贻贝500克，青椒粒、红椒粒、黄椒粒各20克，黄油50克，香芹粉、白胡椒粉各少许，白葡萄酒1/2杯，奶酪、盐水各适量

1 贻贝放入盐水中洗净，控干水分。

2 贻贝放入烤碗中。

3 奶酪切碎。

可加入少许柠檬汁去腥味。

4 微波炉高火加热黄油30秒，依次加入香芹粉、白胡椒粉搅匀。

5 贻贝上倒入白葡萄酒和调配好的黄油。

6 放上彩椒粒和奶酪碎，放入预热至190℃的烤箱，烤8分钟即可。

葱香鲜鱿

1人份

烹饪时间：9分钟

电器：
微波炉　电烤箱　电磁炉　电蒸锅　榨汁机

准备材料：

鲜鱿鱼筒120克，姜片5克，葱丝2克，红椒粒少许，生抽、食用油各适量

鱿鱼先放入白醋水中浸泡，清洗，去除脏污。

1 处理好的鲜鱿鱼筒切成圈。

2 鱿鱼圈中放入姜片、葱丝。

3 淋入食用油，充分搅拌均匀。

4 取一个杯子，倒入拌好的鱿鱼圈，盖上保鲜膜，放入微波炉中。

5 定时加热5分钟。

6 取出杯子，揭去保鲜膜，淋上生抽，撒上红椒粒即可。

清蒸贻贝

1人份

烹饪时间： 10分钟

电器：
微波炉　电烤箱　电磁炉　电蒸锅　榨汁机

准备材料：

贻贝120克，姜丝5克，葱段4克，料酒5毫升，蒸鱼豉油4毫升，盐3克

可以用柠檬汁代替料酒。

1 姜丝均匀地撒在备好的贻贝上，淋上料酒，撒上盐、葱段。

2 电蒸锅注水烧开，放入处理好的贻贝。

3 盖上锅盖，调转旋钮定时8分钟，待时间到，掀开盖，取出。

贻贝可以提前用清水泡一晚上，能更好地吐尽泥沙。

4 淋上备好的蒸鱼豉油即可。

酒焖蛤蜊

1人份

烹饪时间： 10分钟

电器：
微波炉　电烤箱　电磁炉　电蒸锅　榨汁机

准备材料：

蛤蜊300克，葱花15克，姜块、白酒各适量，酱油5毫升

1 姜洗净，切细丝，备用。

2 蛤蜊洗净，放入锅中。

3 将白酒倒入锅中。

不喜欢白酒者可以用清水蒸，加入少许料酒。

4 放入姜丝，加盖，高火焖8分钟。

5 取出，淋入酱油，再撒上葱花，即可食用。

Tips

蛤蜊可以提前浸泡在清水中，滴入几滴芝麻油，这样可以使泥沙吐得更干净。

Chapter 3

想要好身材，
晚餐要轻食

果腹、止饥、分量不多，
晚餐吃得"轻"一些，
让你在速食中也能营养均衡，
好吃低热量，收获好身材！

什锦蔬菜干酪吐司

 1人份

烹饪时间： 10分钟

电器：

微波炉　电烤箱　电磁炉　电蒸锅　榨汁机

准备材料：

吐司1片，茄子100克，圣女果、黄瓜、干奶酪各50克，生菜、红彩椒、黄彩椒各30克，迷迭香适量，盐3克，橄榄油10毫升

> 烤茄子前刷上少量橄榄油，更容易烤软。

1 黄瓜切成片；红彩椒、黄彩椒、生菜都切成条；茄子切成片。

2 茄子片、红彩椒条、黄彩椒条撒上少许盐，刷上橄榄油，放入烤箱烤变色。

3 黄瓜片刷上油，撒上盐，放入烤箱烤变色。

4 圣女果刷上油，放入烤箱烤软，取出。

5 吐司片上放上生菜，依次放上茄子片、黄彩椒条、干奶酪、红彩椒条、黄瓜片、圣女果。

6 撒上迷迭香装饰即可。

蔬菜三明治

2人份

烹饪时间：6分钟

电器：
微波炉　电烤箱　电磁炉　电蒸锅　榨汁机

准备材料：

吐司2片，樱桃萝卜100克，午餐肉60克，奶酪2片，生菜适量，蛋黄酱20克

将吐司边去掉口感更好。

1 樱桃萝卜洗净，切成片；午餐肉切片；吐司切去四边。

2 吐司放入预热至180℃的烤箱中烤约2分钟后取出，在吐司一面抹上蛋黄酱。

3 吐司没有涂酱的一面朝下放，在上面依次放上生菜、樱桃萝卜片。

4 放上午餐肉、奶酪片，再盖上另一片吐司，从中间一分为二切开即可。

Tips

如果想选甜而脆的樱桃萝卜就选根须少的。

吐司沙拉

1人份

烹饪时间： 7分钟

电器：
榨汁机

准备材料：

全麦吐司3片，圣女果、卷心菜各150克，核桃仁、松子各35克，橄榄油30毫升，柠檬汁15毫升，帕玛森奶酪10克，黄芥末酱、蒜蓉各3克，黑胡椒碎、盐各少许

1 全麦吐司切成小块。

2 圣女果洗净，切丁。

3 卷心菜洗净，去掉菜梗，卷心菜叶切成丝，备用。

也可以把榨汁机当作研磨机使用。

4 核桃仁和松子碾成坚果碎，加入橄榄油、柠檬汁搅拌均匀。

5 放入奶酪、黄芥末酱、蒜蓉、黑胡椒碎和盐拌匀，制成坚果酱。

6 吐司块、圣女果丁和卷心菜丝一起装入盘中，加入坚果酱，拌匀即可。

黄瓜鸡蛋三明治

2人份

烹饪时间： 5分钟

电器：
微波炉　电烤箱　电磁炉　电蒸锅　榨汁机

准备材料：

杂粮吐司2片，蛋白100克，黄瓜50克，香菜少许，沙拉酱适量，橄榄油10毫升

可将蛋白用电动打蛋器打发，口感更好。

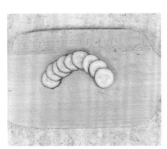

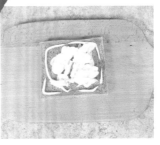

1 杂粮吐司切去四边；黄瓜切成薄片。

2 在烧热的锅中注入橄榄油，蛋白倒入锅中，快速翻炒成小块状，盛出。

3 一片杂粮吐司平铺，挤上沙拉酱，再平放上蛋白。

Tips

煎蛋白时不宜高火，以免蛋白烧焦，影响口感。

4 在蛋白上挤上沙拉酱，黄瓜片放到蛋白上，再挤上沙拉酱，另一片杂粮吐司放到最上面。

5 用刀将三明治沿对角线切开，再对半切开，装入盘中，点缀上香菜即可。

鸡肉凯撒三明治

 1人份

烹饪时间： 8分钟

电器：

 微波炉　 电烤箱　 电磁炉　 电蒸锅　 榨汁机

准备材料：

吐司1片，鸡胸肉200克，生菜50克，葱、奶酪、黑胡椒碎、生抽各少许，盐2克，柠檬汁、鸡粉各适量，橄榄油10毫升

1 吐司去四边；鸡胸肉切成块。

2 切好的鸡肉块加盐、鸡粉、黑胡椒碎、生抽、柠檬汁与橄榄油腌制片刻。

3 吐司放入烤箱中，烤至呈金黄色，取出。

如用带条纹的锅煎鸡肉，会有美观的棕色条纹。

4 锅中注入橄榄油烧热，放入腌制好的鸡肉块，用低火煎至两面金黄，盛出。

5 吐司放到盘中垫底，生菜放到上面。

6 摆放煎好的鸡肉块，放上葱与奶酪装饰即可。

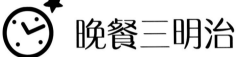

晚餐三明治

1人份

烹饪时间： 8分钟

电器：
微波炉　电烤箱　电磁炉　电蒸锅　榨汁机

准备材料：

吐司2片，番茄100克，鸡胸肉150克，盐3克，蛋黄酱20克，胡椒粉5克，橄榄油15毫升，酱油5毫升，欧芹、糖粉各适量

番茄横着切开更美观。

1 番茄洗净，切片；鸡胸肉洗净，横切成大片，用盐、酱油和胡椒粉腌制。

2 吐司去四边，放入预热至180℃的烤箱中烤约2分钟后取出。

3 锅中倒入橄榄油烧热，低火将鸡胸肉煎熟，盛出。

4 在吐司一面抹上蛋黄酱，依次放上欧芹、鸡胸肉、番茄片，再盖上另一片吐司。

5 码好的三明治沿对角线切成两个三角形。

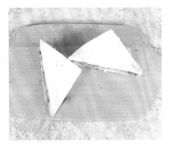

6 撒上过筛的糖粉即可。

草莓吐司配沙拉

1人份

烹饪时间： 7分钟

电器：
微波炉　电烤箱　电磁炉　电炖锅　榨汁机

准备材料：

吐司1片，草莓、洋葱、番茄各80克，生菜、西芹碎各少许，沙拉酱、黄油各适量

1 吐司切去四边，再一分为二，切成两个长方形块；草莓洗净，对半切开。

2 吐司块上放切碎的黄油，放入烤箱，以180℃烤约3分钟至黄油熔化。

3 切开的草莓放在烤好的吐司块上，撒上西芹碎。

4 洋葱洗净，切丝。

5 番茄洗净，切块；生菜洗净，撕碎。

生菜用手撕碎可以保留更多营养物质。

6 处理好的食材放入碗中，加入沙拉酱拌匀即可。

水果法棍

🥢 1人份

烹饪时间： 7分钟

电器：
微波炉　电烤箱　电磁炉　电蒸锅　榨汁机

准备材料：

法棍2片，猕猴桃、香蕉各20克，圣女果10克，腰果、杏仁、核桃仁各5克，青柠
160克，橄榄油90毫升，果糖30克，盐适量

1 猕猴桃洗净，去皮，切成圆片。

2 香蕉去皮，切成圆片；圣女果洗净，切成圆片。

3 腰果、杏仁、核桃仁一起切成碎，备用。

4 青柠榨出汁。

5 加入橄榄油、果糖搅拌至完全融合，加入盐调味拌匀。

还可以擦出少许青柠皮，撒在面包上增添风味。

6 猕猴桃片、香蕉片和圣女果片摆放在法棍片上，撒上坚果碎，淋上青柠汁即可。

圣女果意大利面

 1人份

烹饪时间：8分钟

电器：
微波炉　电烤箱　电磁炉　电蒸锅　搅汁机

准备材料：

圣女果50克，熟意大利面100克，罗勒酱适量，干酪、罗勒叶各少许，盐2克，橄榄油10毫升

干酪也可以用工具擦成薄片。

1 圣女果洗净，对半切开。

2 干酪切成薄片。

3 烧热的锅中倒入橄榄油，圣女果放入锅中，加适量盐翻炒片刻。

4 熟意大利面、罗勒酱放入锅中翻炒，盛出。

5 放上适量罗勒叶与奶酪装饰即可。

Tips

可以一次煮多一些意大利面，沥干水分后放入冰箱冷冻，分数次食用。

意大利牛肉番茄酱面

 1人份

烹饪时间：9分钟

电器：

微波炉　电烤箱　电磁炉　电蒸锅　榨汁机

准备材料：

熟意大利面100克，蒜末30克，洋葱50克，牛肉末200克，奶酪末、红酒、鲜罗勒叶、罗勒叶碎各适量，百里香碎少许，盐、胡椒粉各5克，橄榄油15毫升，番茄酱80克

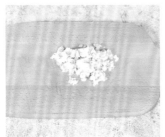

1 洋葱洗净，切碎。

2 锅中倒入橄榄油烧热，放入洋葱碎和蒜末炒出香味。

3 加入牛肉末拌炒均匀，倒入番茄酱、红酒，放入3克盐、百里香碎和胡椒粉，炒匀后取出。

冷冻的熟意大利面使用前可用热水过一遍。

4 熟意大利面放入微波炉中加热，倒入盘中。

5 面条上放上做好的牛肉番茄酱。

6 撒上奶酪末和罗勒叶碎，最后用鲜罗勒叶点缀即可食用。

螺旋粉西蓝花

🍚 1人份

烹饪时间： 10分钟

电器：

微波炉　电烤箱　电磁炉　电蒸锅　榨汁机

准备材料：

熟螺旋粉130克，西蓝花30克，花菜40克，玉米粒20克，沙拉酱适量

1 洗净的西蓝花切成小块；玉米粒洗净。

2 洗净的花菜切成小块。

3 锅中加水烧开，倒入花菜、西蓝花，煮约1分钟至熟。

焯好的西蓝花可以放入冰水里片刻，口感更脆。

4 倒入玉米粒煮至熟，捞出。

5 放入熟螺旋粉，加热片刻，捞出。

6 煮好的螺旋粉和花菜、西蓝花、玉米粒盛在一起，淋上沙拉酱即可。

焗烤金枪鱼通心粉

🍚 2人份

烹饪时间: 10分钟

电器:

微波炉

电烤箱

电磁炉

电蒸锅

榨汁机

准备材料:

罐装金枪鱼60克,玉米粒50克,熟通心粉200克,青椒、红椒、洋葱各70克,火腿50克,熟鸡蛋1个,蛋黄酱30克,胡椒碎3克,盐2克,奶酪20克

1 火腿切条;熟鸡蛋、青椒、红椒切丁。

2 洋葱切末;奶酪切碎。

3 碗中倒入玉米粒、青椒丁、红椒丁、洋葱末、火腿条、熟鸡蛋丁、熟通心粉和金枪鱼肉。

烤箱先预热可节省时间。

4 依次加入蛋黄酱、盐、胡椒碎拌匀。

5 食材放入铸铁碗中,在表面撒奶酪碎。

6 放入预热至200℃的烤箱内,烤约8分钟,待奶酪化开即可。

西班牙烘蛋派

烹饪时间： 10分钟

电器：
微波炉　电烤箱　电磁炉　电蒸锅　榨汁机

准备材料：

鸡蛋6个，圣女果4个，火腿片2片，土豆、洋葱、西蓝花、红甜椒、黄甜椒各30克，奶酪50克，黑橄榄4颗，黄油60克，盐、白胡椒粉、综合香料粉各适量

1 洋葱、圣女果、火腿、红甜椒、黄甜椒及黑橄榄皆洗净，切小片；西蓝花、土豆洗净，切成小丁；奶酪切丁备用。

2 鸡蛋、盐、白胡椒粉打散成蛋液。

3 平底锅内放入黄油加热至熔化，依序加入洋葱、圣女果、火腿。

食材交错撒入锅中可使色彩更鲜艳.

4 放入红甜椒、黄甜椒、土豆、黑橄榄、西蓝花炒香，加入综合香料粉炒香。

5 加入蛋液，在锅内快速搅拌，直至蛋液呈半熟凝固状态。

6 放奶酪丁，盖上锅盖，以低火焖至奶酪熔化即可。

田园焗饭

1人份

烹饪时间： 10分钟

电器：

微波炉　电烤箱　电磁炉　电蒸锅　榨汁机

准备材料：

白米饭200克，瘦肉、奶酪片、香菇丁、洋葱丁各30克，豌豆、胡萝卜丁各40克，盐3克，白胡椒粉2克，食用油适量

1 洗好的瘦肉切成丁。

2 备好的碗中放入白米饭，加入香菇丁、豌豆、胡萝卜丁、洋葱丁、瘦肉丁。

3 加入盐、白胡椒粉、食用油，拌匀食材。

4 拌好的食材装入杯中，盖上保鲜膜。

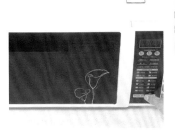

5 杯子放入微波炉中，加热3分钟，取出杯子。

奶酪分量可按自己喜好调整。

6 撕开保鲜膜，盖上奶酪片，再放入微波炉中，加热5分钟即可。

金枪鱼生卷

🍚 2人份

烹饪时间： 9分钟

电器：

微波炉　电烤箱　电磁炉　电蒸锅　榨汁机

准备材料：

凉皮120克，金枪鱼罐头60克，豌豆苗30克，黄瓜80克，胡萝卜、生菜叶各50克，咖喱粉3克，豆瓣酱15克，椰子油4毫升

1 洗净的黄瓜切成丝；胡萝卜去皮，洗净，切成丝。

2 凉皮上放上生菜、胡萝卜丝、黄瓜丝、金枪鱼，用凉皮将食材包裹卷成卷，剩下的食材都采用上面相同的方式卷成卷，摆放在备好的盘中。

3 备好的碗中倒入金枪鱼罐头汁、椰子油、咖喱粉、豆瓣酱，充分拌匀，制成调味汁。

冷藏后更爽口。

4 调味汁、豌豆苗摆放在金枪鱼生卷旁边，蘸食即可。

Tips

喜欢辣味的朋友可以搭配适量的辣椒酱蘸着吃，这样味道会更好。

紫薯水果麦片

1人份

烹饪时间： 9分钟

电器：

微波炉　电烤箱　电磁炉　电炖锅　榨汁机

准备材料：

紫薯150克，菠萝70克，猕猴桃40克，樱桃萝卜、熟麦片各30克，酸奶适量

也可将整个紫薯加热后再切成小块。

1 樱桃萝卜洗净，切小块；菠萝洗净，切成块。

2 猕猴桃洗净，去皮，切块。

3 紫薯洗净，切大块，放入盘子中，加少许水，放入微波炉，用高火加热5分钟。

4 取出熟紫薯，冷却后去掉紫薯外皮，切成小块。

5 所有食材装入沙拉碗中。

6 拌入酸奶即可。

椰子油格兰诺拉麦片

 1人份

烹饪时间： 10分钟

电器：

微波炉　电烤箱　电磁炉　电源锅　榨汁机

准备材料：

燕麦片、酸奶各100克，香蕉70克，圣女果60克，葡萄干30克，绵白糖、椰粉各40克，椰子油5毫升，盐2克

1 香蕉去皮，切成薄片；圣女果洗净，对半切开。

2 锅中放入30毫升清水、绵白糖、盐，充分拌匀。

3 放在电磁炉上加热，加入椰子油拌匀，倒入燕麦片、椰粉搅拌。

铺燕麦片时要打散，以免结块。

4 拌匀的燕麦片盛入铺好厨房纸的烤盘中，待用。

5 备好微波炉，放入烤盘，烤2分钟，取出烤盘。

6 碗中放入烤好的燕麦片、葡萄干拌匀，并凉凉，摆放上香蕉、圣女果，淋上酸奶即可。

华尔道夫沙拉

 2人份

烹饪时间：8分钟

电器：
　　　微波炉　电烤箱　电磁炉　电蒸锅　榨汁机

准备材料：

青苹果、西洋梨各1个，红提50克，西芹、核桃仁各30克，杏仁片20克，罗勒叶、盐水、沙拉酱各适量

过冷水可使芹菜色泽更翠绿。

1 青苹果、西洋梨洗净后去核，切小块，用盐水浸泡。

2 红提洗净，对半切开，去子；罗勒叶清洗干净，切碎。

3 西芹切斜刀片。

4 锅中注水烧开，倒入西芹片，焯煮片刻后盛出，放入冰水中。

5 青苹果、红提、西洋梨、西芹、杏仁片、核桃仁和罗勒叶装盘，拌入沙拉酱即可。

Tips

可以将核桃仁、杏仁片用烤箱烤出香味，再加入沙拉中。

甜橙番茄沙拉

1人份

烹饪时间： 6分钟

电器：

微波炉　电烤箱　电磁炉　电蒸锅　榨汁机

准备材料：

橙子60克，牛油果、番茄各50克，芝麻菜30克，奶酪20克，苹果醋15毫升，蜂蜜10毫升，柠檬汁30毫升，橄榄油60毫升，盐少许

用硬质奶酪来做沙拉，口感更好。

1 番茄洗净，切片；牛油果洗净，去皮后切块。

2 橙子洗净，去皮后切小块；芝麻菜洗净；奶酪切成粒。

3 苹果醋倒入碗中，加入蜂蜜、柠檬汁、橄榄油混合，再加入少许盐搅拌均匀，即成沙拉汁。

4 所有食材一起装入盘中，淋上沙拉汁即可。

Tips

牛油果先竖着用刀划一圈，拧开，用刀别住果核，拧动刀身就可以去核。

法式牛柳沙拉

 1人份

烹饪时间： 10分钟

电器：

微波炉　电烤箱　电磁炉　电蒸锅　榨汁机

准备材料：

牛肉200克，洋葱60克，樱桃萝卜、芝麻菜各100克，盐、生抽、料酒、食用油、油醋汁各适量

1 洋葱洗净，切成丝；芝麻菜洗净，切段；樱桃萝卜洗净，切薄片。

2 牛肉洗净，切成粗条。

3 牛肉中加入盐、生抽、料酒和食用油腌制。

顺着牛肉的纤维纹路切，做好的肉更易咀嚼。

4 腌制好的牛肉条放入油锅中，翻炒至熟，盛出。

5 洋葱丝、芝麻菜和樱桃萝卜放入盘中，铺上牛肉条。

6 淋上油醋汁即可。

鸡肉罗勒沙拉

 1人份

烹饪时间： 10分钟

电器：

微波炉　电烤箱　电磁炉　电蒸锅　榨汁机

准备材料：

鸡肉150克，罗勒叶、番茄各50克，樱桃萝卜30克，豌豆苗20克，盐、橄榄油、油醋汁各适量

1 罗勒叶择成片，洗净。

2 番茄洗净，切小块。

3 樱桃萝卜洗净，切片；豌豆苗洗净。

鸡肉可先用柠檬汁腌制片刻，能去除腥味。

4 鸡肉洗净，切成块。

5 平底锅中倒入橄榄油，放入鸡肉块，撒入少许盐，煎至鸡块熟透，取出。

6 煎好的鸡块、罗勒叶、番茄块、樱桃萝卜片、豌豆苗放入盘中，拌入油醋汁即可。

鸭胸肉西蓝花沙拉

1人份

烹饪时间： 10分钟

电器：

微波炉　电烤箱　电磁炉　电蒸锅　榨汁机

准备材料：

鸭胸肉100克，西蓝花80克，胡萝卜、洋葱各60克，食用油5毫升，料酒、盐、黑胡椒碎、牛油果酱各少许

1 鸭胸肉洗净，切成薄片。

2 鸭胸肉片用料酒、盐、食用油和黑胡椒碎腌制。

3 烤盘中摆上腌好的鸭胸肉片，烤箱预热210℃，推入烤盘，烤约10分钟。

在烤制鸭肉时同时准备蔬菜，可以节省时间。

4 西蓝花洗净，切成小朵；胡萝卜去皮，洗净，切成细丝；洋葱洗净，切成丝。

5 锅中注水烧开，加入少许盐，放入西蓝花、胡萝卜丝焯煮至熟，捞出。

6 西蓝花、胡萝卜丝、洋葱丝和鸭胸肉块放入盘中，拌入牛油果酱即可。

鳕鱼沙拉

 1人份

烹饪时间： 10分钟

电器：

微波炉　电烤箱　电磁炉　电蒸锅　榨汁机

准备材料：

鳕鱼100克，生菜、番茄各50克，黄彩椒、洋葱各20克，橄榄油适量，盐、油醋汁各少许

也可以将生菜用手撕成大块。

1 鳕鱼洗净后沥干水分，切成小块。

2 生菜洗净，切丝；番茄洗净，切块。

3 黄彩椒洗净，切丝；洋葱洗净，切丝。

Tips

油醋汁中可以加入少许白胡椒粉、盐，以去除鱼肉的腥味。

4 平底锅中倒入适量橄榄油，放入鳕鱼块，撒上少许盐，煎至两面金黄后盛出。

5 鳕鱼、生菜、番茄、黄彩椒、洋葱装入沙拉盘中，食用前拌入油醋汁即可。

尼斯沙拉

 1人份

烹饪时间： 10分钟

电器：

微波炉　电烤箱　电磁炉　电蒸锅　榨汁机

准备材料：

土豆80克，豆角、番茄、罐头金枪鱼各50克，生菜、香菜末各30克，熟鸡蛋1个，酱油30毫升，巴萨米克醋45毫升，芥花籽油、芝麻油、蜂蜜各20毫升，姜末3克，盐、黑胡椒碎各少许

煮至土豆中无浅黄色的硬心时，即可捞起。

1 豆角择洗干净，去掉老茎，切成约5厘米的段；熟鸡蛋切成瓣状。

2 生菜洗净，撕成小块；番茄洗净，切成片。

3 土豆洗净，去皮，切方块，放入沸水锅中煮熟，捞出沥干水分，备用。

4 锅中注入适量清水，加少许盐煮至沸腾，放入豆角焯煮至熟，捞出过凉，沥干水分，备用。

5 酱油、巴萨米克醋、芥花籽油、芝麻油和蜂蜜混合均匀，倒入姜末、香菜末、盐和黑胡椒碎，搅拌均匀即成沙拉汁。

6 所有食材一起装入盘中，佐上沙拉汁即可。

Chapter 4

滋润身心，
当选元气汤

用餐人数少的时候，
煮一锅暖心汤搭配主食，
不失为一个好选择。

胡萝卜南瓜豆腐汤

 2人份

烹饪时间： 8分钟

电器：

微波炉　电烤箱　电磁炉　电蒸锅　榨汁机

准备材料：

去皮南瓜150克，去皮胡萝卜140克，豆腐100克，葱花少许，盐、鸡粉各2克，食用油适量

胡萝卜用油炒过更有营养。

1 去皮南瓜洗净，切成片；洗净的胡萝卜切成片；豆腐洗净，切成小块。

2 食用油起锅，倒入南瓜、胡萝卜，拌炒片刻。

3 倒入适量清水，放入豆腐，煮5分钟。

4 锅中加入适量盐、鸡粉，拌匀。

5 煮好的汤盛入碗中，撒上葱花即可。

Tips

南瓜的皮含有丰富的胡萝卜素和维生素，所以最好连皮一起用。

姜葱淡豆豉豆腐汤

1人份

烹饪时间：10分钟

电器：
微波炉　电烤箱　电磁炉　电蒸锅　榨汁机

准备材料：

豆腐300克，西洋参8克，黄芪10克，淡豆豉、姜片、葱段各少许，盐、鸡粉各2克，食用油适量

1 豆腐洗净，切成块。

2 锅注油烧热，放入豆腐块。

3 煎至表面微黄，捞出。

4 锅底留油，爆香姜片、葱段、淡豆豉。

5 加入清水、豆腐块及备好的黄芪、西洋参，盖上锅盖，焖2分钟。

6 揭盖，加入少许盐、鸡粉，调入味即可。

砂锅粉丝豆腐煲

 2人份

烹饪时间： 10分钟

电器：

微波炉　电烤箱　电磁炉　电蒸锅　榨汁机

准备材料：

腐竹10克，豆腐15克，胡萝卜50克，菜心100克，粉丝30克，高汤80毫升，盐、白胡椒粉各2克，芝麻油3毫升

1 粉丝和腐竹分别装碗，倒入开水泡发。

2 豆腐切成小块；择洗好的菜心切成段。

3 洗净去皮的胡萝卜切滚刀块；泡发好的腐竹切成小块。

可多加一些粉丝，直接作为主食食用。

4 砂锅中放入胡萝卜、豆腐、腐竹、高汤、清水。

5 加上盖煮开后转低火炖6分钟，揭盖，放入粉丝、菜心。

6 加入盐、白胡椒粉、芝麻油拌匀，盛出装碗即可。

什锦蔬菜汤

烹饪时间： 10分钟

电器：

微波炉　电烤箱　电磁炉　电蒸锅　榨汁机

准备材料：

白萝卜100克，番茄50克，葱花5克，黄豆芽15克，盐、鸡粉各2克，葱花、食用油各适量

黄豆芽要先去根。

1 洗净的白萝卜去皮，切小丁；黄豆芽去根洗净；洗净的番茄切成片，待用。

2 白萝卜、番茄、黄豆芽放入杯中。

3 注入适量清水，放入盐、食用油、鸡粉搅拌匀，再用保鲜膜将杯口盖住。

Tips

揭去保鲜膜时注意不要烫伤自己。

4 电蒸锅注水烧开，放入杯子，盖上锅盖，调转旋钮定时8分钟。

5 待时间到揭开盖，取出杯子，揭开保鲜膜，撒上葱花即可。

豌豆甜椒浓汤

🍚 1人份

烹饪时间： 9分钟

电器：

微波炉　电烤箱　电磁炉　电蒸锅　榨汁机

准备材料：

豌豆90克，圆椒60克，高汤150毫升，椰子油3毫升，盐2克

1 洗净的圆椒对半切开，去籽，切成粗条，改切成块。

2 沸水锅中倒入洗净的豌豆，焯煮片刻。

3 捞出焯煮好的豌豆，装入碗中，待用。

4 豌豆、圆椒、高汤、盐、椰子油倒入榨汁杯中。

5 盖好盖子，榨汁杯安装在底座上，榨成汁。

也可以不加热，直接作为冷汤。

6 榨好的蔬菜汁倒入锅中，煮至沸腾，盛入杯中即可。

白果腐竹汤

🍚 2人份

烹饪时间： 10分钟

电器：

微波炉　电烤箱　电磁炉　电蒸锅　榨汁机

准备材料：

水发腐竹、胡萝卜各80克，白果20克，罐装黄豆50克，姜片、葱段各少许，盐2克

也可将清水换成高汤。

1 洗净的腐竹切段；胡萝卜洗净，去皮，切成丝。

2 锅中注入适量清水，倒入白果、黄豆、姜片、葱段、腐竹、胡萝卜拌匀。

3 加盖，高火煮8分钟。

Tips

白果微毒，可以选购超市中处理好的真空袋装白果仁。

4 揭盖，加入盐拌匀即可。

金针菇玉米冬瓜汤

 1人份

烹饪时间：10分钟

电器：

微波炉　电烤箱　电磁炉　电蒸锅　榨汁机

准备材料：

金针菇80克，冬瓜块100克，罐装玉米30克，姜片、葱花各少许，盐、鸡粉各3克，胡椒粉2克，食用油适量

1 锅中注水烧开，淋入适量食用油。

2 放入洗净的冬瓜块、姜片，搅匀。

3 盖上锅盖，煮约2分钟至七成熟。

金针菇要撕开根部再煮。

4 揭盖，放入玉米粒、金针菇，盖上锅盖，煮约7分钟至熟。

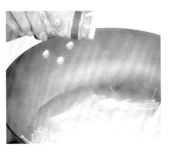

5 打开锅盖，加少许盐、鸡粉、胡椒粉拌至食材入味，盛出，撒上葱花即可。

Tips

金针菇洗净后宜切去根部再煮，这样可保证其良好的口感。

豆苗火腿芝麻汤

🍚 1人份

烹饪时间：3分钟

电器：

微波炉　电烤箱　电磁炉　电蒸锅　榨汁机

准备材料：

豌豆苗、火腿肠各20克，白芝麻2克，盐、胡椒粉各适量

白胡椒粉和黑胡椒粉风味不同，可按喜好选择。

1 洗净的豌豆苗放入备好的杯子中。

2 加入火腿肠、白芝麻。

3 放入盐、胡椒粉。

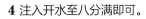

Tips
芝麻可事先炒香，味道会更好。

4 注入开水至八分满即可。

红椒肉片汤

 2人份

烹饪时间： 10分钟

电器：

微波炉　电烤箱　电磁炉　电蒸锅　榨汁机

准备材料：

猪里脊肉80克，包菜60克，蒜片20克，红椒30克，香菇15克，胡萝卜10克，大葱段少许，生抽、芝麻油各3毫升，盐3克，胡椒粉2克

1 洗净的包菜切块；胡萝卜去皮，切圆片；洗净的红椒去籽，切块；洗净的香菇切小块。

2 洗好的猪里脊肉切片，加入1克盐，放入胡椒粉拌匀。

3 热锅中倒入芝麻油烧热，放入腌好的肉片，翻炒数下至略微转色。

可以加入蔬菜高汤，味道更清甜。

4 锅内放入切好的大葱段、蒜片、红椒块炒出香味，注入约400毫升清水，搅匀。

5 煮约1分钟至略微沸腾，放入切好的香菇块、胡萝卜片、包菜块搅匀。

6 煮约2分钟至食材熟软，掠去浮沫，加入2克盐、生抽搅匀即可。

113

酸黄瓜土豆火腿汤

 2人份

烹饪时间：10分钟

电器：

微波炉　电烤箱　电磁炉　电蒸锅　榨汁机

准备材料：

酸黄瓜100克，土豆120克，胡萝卜、洋葱、意式火腿各50克，香叶、盐、黄油、法香各适量

1 酸黄瓜洗净，切成丁；土豆洗净，去皮，切成丁，待用。

2 胡萝卜洗净，切成粒；洋葱洗净，切成丁；意式火腿切成小片，待用。

3 取适量黄油入锅加热至熔化，放入香叶、洋葱丁炒香。

适量加入胡椒粉，味道更好。

4 倒入火腿片翻炒均匀，加入适量清水，放入酸黄瓜。

5 倒入土豆丁、胡萝卜粒，高火煮8分钟，调入盐，盛出，撒上法香即可。

Tips

如果是自己腌制黄瓜，可以在腌制时加入少许葡萄酒，能防止黄瓜腐烂，使成品味道更好。

枸杞鹌鹑蛋醪糟汤

 2人份

烹饪时间: 8分钟

电器:
微波炉　电烤箱　电磁炉　电蒸锅　榨汁机

准备材料:

熟鹌鹑蛋50克，枸杞子5克，醪糟100克，白糖适量

还可以在汤中打个鸡蛋成蛋花。

1 锅中注入适量清水烧开，倒入醪糟，搅拌均匀。

2 盖上锅盖，烧开后再煮5分钟。

3 揭开锅盖，倒入少许白糖，搅拌均匀。

4 倒入熟鹌鹑蛋和洗好的枸杞子，搅拌片刻，稍煮片刻至食材入味即可。

 Tips

煮好的鹌鹑蛋放在冷水中浸泡一会儿，更方便去皮。

泰式酸辣虾汤

2人份

烹饪时间： 10分钟

电器：
　　　微波炉　电烤箱　电磁炉　电蒸锅　榨汁机

准备材料：

熟红薯、茶树菇各60克，基围虾4只，番茄150克，去皮冬笋120克，牛奶100毫升，香菜少许，朝天椒1个，泰式酸辣酱30克，椰子油5毫升，盐2克，黑胡椒粉3克

1 洗净的茶树菇切成小段；冬笋洗净，切丁；番茄洗净，切成块。

2 洗净的朝天椒切成圈；红薯去皮，切成丁。

3 沸水锅中倒入处理好的基围虾，加入茶树菇、冬笋。

> 可加入少许香菜，别有风味。

4 倒入番茄、朝天椒、盐，煮开后转低火煮8分钟。

5 榨汁机中加入红薯、牛奶、泰式酸辣酱、清水，榨成汁。

6 锅中倒入榨好的汁，加入黑胡椒粉、椰子油，拌匀入味，盛入碗中，放上香菜即可。

花甲椰子油汤

1人份

烹饪时间： 10分钟

电器：   电磁炉 榨汁机

准备材料：

熟花甲300克，熟土豆、洋葱各150克，去皮胡萝卜120克，豆浆200毫升，奶酪15克，盐、胡椒粉各2克，椰子油3毫升

1 洗净的洋葱切成块；土豆、胡萝卜切成丁。

2 炒锅置电磁炉上，倒入椰子油烧热，放入切好的洋葱块、胡萝卜丁炒匀，加入一半土豆丁，翻炒数下。

3 倒入清水、豆浆，煮约5分钟至食材熟软。

加入适量淡奶油可使奶味更浓厚。

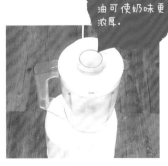

4 另一半土豆丁放入榨汁机中，倒入少许锅中的汤汁，盖上盖，榨约30秒成土豆浓汤。

5 土豆浓汤倒入锅中搅匀，稍煮片刻。

6 放入奶酪、花甲、盐、胡椒粉搅匀调味即可。

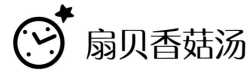

扇贝香菇汤

1人份

烹饪时间： 10分钟

电器：
微波炉　电烤箱　电磁炉　电蒸锅　榨汁机

准备材料：

蟹味菇70克，小扇贝8个（120克），胡萝卜90克，白洋葱100克，面粉20克，牛奶100毫升，奶油35克，椰子油、香叶、罗勒粉各少许，白胡椒粉、盐各适量

扇贝肉边的黑色物质要去除干净。

1 洗净的蟹味菇切去根部；处理好的白洋葱切丁；洗净的胡萝卜去皮，切丁。

2 切开扇贝壳，取出肉，切去内脏，装入碗中清洗片刻。

3 热锅倒入椰子油烧热，放入扇贝肉，翻炒片刻，加入胡萝卜丁、香叶，翻炒片刻。

4 放入面粉炒散，加入适量盐、白胡椒粉，快速翻炒片刻，注入适量的清水，倒入牛奶、奶油，搅拌至煮沸。

5 加入蟹味菇、洋葱丁，稍稍搅拌，盖上锅盖，低火焖煮5分钟，盛出，撒上罗勒粉即可。

Tips

扇贝的内脏去除后可再冲洗片刻，以免影响味道。

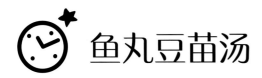

鱼丸豆苗汤

烹饪时间： 8分钟

电器：
微波炉　电烤箱　电磁炉　电蒸锅　榨汁机

准备材料：

鱼丸75克，豆苗55克，葱花、盐、鸡粉、胡椒粉各少许，芝麻油5毫升

打花刀可以使鱼丸更易熟透，成品也更美观。

1 洗净的鱼丸对半切开，背面切十字花刀。

2 电磁炉用砂锅中注水煮开，倒入鱼丸，调高火，煮约5分钟。

3 倒入洗净的豆苗，拌匀。

4 加入盐、鸡粉、胡椒粉、芝麻油搅至入味，盛入碗中，撒上葱花即可。

Tips

豌豆苗供食用的部位是嫩梢和嫩叶，入锅烫煮时间不宜过长，否则会导致营养流失。

Chapter 5

晚 8 点后的
"晚晚餐"

加班的日子想要吃点好的，
不能太油腻，
还要好消化，
日式的"晚晚餐"正合适。

田园风味乌冬面

1人份

烹饪时间： 8分钟

电器：

微波炉　电烤箱　电磁炉　电蒸锅　榨汁机

准备材料：

熟乌冬面1份，熟鸡胸肉1份，熟菌菇1份，冰冻鲜汤2份，包菜50克，秋葵80克，冻豆腐100克，大葱片少许，日式酱油适量，七味唐辛子、木鱼花各少许

可以加入少许清酒。

1 秋葵洗净，斜刀切片；熟鸡胸肉切丝；包菜、冻豆腐洗净，切块。

2 锅中注入适量清水，高火煮开，倒入适量日式酱油，搅拌均匀，放入木鱼花拌匀，制成汤底。

3 放入熟鸡胸肉、包菜、熟菌菇、冻豆腐、大葱片拌匀，煮至汤汁沸腾。

4 放入熟乌冬面、鲜汤，煮至乌冬面入味，撒入适量七味唐辛子调味。

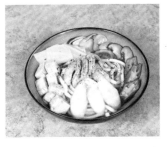

5 煮好的乌冬面盛入碗中，放入秋葵即可。

Tips

不要挑选肉和皮的表面比较干，或者含水较多、脂肪稀松的鸡肉。

豆角焖面

 1人份

烹饪时间：10分钟

电器：

准备材料：

面条200克，豆角100克，红椒、葱花、蒜泥、香菜叶、盐、酱油、陈醋、食用油、芝麻油各适量

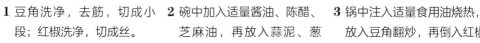

1 豆角洗净，去筋，切成小段；红椒洗净，切成丝。

2 碗中加入适量酱油、陈醋、芝麻油，再放入蒜泥、葱花，搅匀成调味汁。

3 锅中注入适量食用油烧热，放入豆角翻炒，再倒入红椒丝，加入适量酱油、盐炒匀，淋入适量清水。

 Tips

面条下入锅中时，先抖散，以免煮时糊在一起。

4 面条铺在豆角上，加少许清水焖制6分钟至熟，盛出，淋上调味汁，撒上香菜叶即可。

芝麻酱乌冬面

烹饪时间： 8分钟

电器：

微波炉　电烤箱　电磁炉　电蒸锅　榨汁机

准备材料：

乌冬面200克，黄瓜、方火腿各100克，番茄60克，柠檬片8克，熟白芝麻15克，高汤50毫升，陈醋3毫升，椰子油8毫升，香菜、辣椒粉各少许

乌冬面易熟，冷吃热吃的口感都很好。

1 洗净的黄瓜切丝；火腿切成丝；洗净的番茄去蒂，切成瓣。

2 锅中注入适量清水烧开，倒入乌冬面煮至断生，捞出，再放入凉开水中浸泡片刻，捞出沥干，待用。

3 椰子油、熟白芝麻、陈醋放入碗中，加入高汤、凉开水、辣椒粉，搅拌均匀，制成芝麻汁待用。

4 另取一碗，放入乌冬面，黄瓜、火腿丝、番茄、柠檬片放在乌冬面的周围。

5 浇上芝麻汁，撒上香菜即可。

Tips

煮乌冬面时可加入少许盐，不但能缩短煮制时间，面条也会更Q弹。

134

菌菇温面

 1人份

烹饪时间：　10分钟

电器：

 微波炉　 电烤箱　 电磁炉　 电蒸锅　 榨汁机

准备材料：

面条150克，金针菇、蟹味菇各80克，杏鲍菇90克，葱花少许，七味唐辛子5克，椰子油、生抽各5毫升，料酒8毫升

1 洗净的杏鲍菇切成丁；洗净的蟹味菇、金针菇切成段。

2 热锅注入椰子油烧热，倒入杏鲍菇、蟹味菇、金针菇，炒匀。

3 加入生抽、料酒，炒匀入味，加盖，低火焖5分钟，盛入盘中，待用。

拌面最好将面条过冷水，可保证不粘连。

4 沸水锅中倒入面条，煮至熟软，捞出放入凉水中放凉，捞出沥干水待用。

5 熟面条中倒入菇类拌匀。

6 食材倒入盘中，撒上葱花、七味唐辛子即可。

鲜笋魔芋面

1人份

烹饪时间： 8分钟

电器：

微波炉　电烤箱　电磁炉　电蒸锅　榨汁机

准备材料：

魔芋面250克，茭白15克，竹笋10克，西蓝花30克，清鸡汤150毫升，盐、鸡粉各2克，生抽5毫升

竹笋可以煮久一些，以去除涩味。

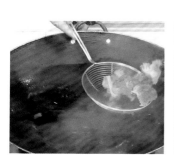

1 锅中注入适量清水烧开，倒入切好的西蓝花、茭白，略煮一会儿，捞出。

2 锅中倒入切好的竹笋，略煮一会儿，去除苦味，捞出。

3 锅中注入适量清水烧开，放入魔芋面，煮2分钟至其熟软，捞出煮好的魔芋面，装入碗中，放上西蓝花，待用。

4 另起锅，倒入鸡汤，放入焯过水的竹笋、茭白，加入盐、鸡粉，拌匀。

5 淋入生抽，拌匀，略煮一会儿至食材入味，盛出，装入碗中即可。

Tips

魔芋面煮好后可以过一下冷水，这样能保持其爽弹的口感。

青海苔手抓饭

 2人份

烹饪时间: 8分钟

电器:

微波炉　电烤箱　**电磁炉**　电蒸锅　榨汁机

准备材料:

熟米饭250克, 青海苔25克, 黄瓜、玉米粒各少许, 盐2克, 白糖3克, 胡椒粉、芝麻油、食用油各适量

> 青海苔吸油, 要少放油。

1 青海苔撕成细丝; 黄瓜洗净, 切成丁。

2 锅中注入适量食用油烧热, 放入青海苔、黄瓜翻炒一会儿, 盛在装有熟米饭的碗中。

3 碗中加入盐、白糖、胡椒粉、芝麻油, 搅拌均匀。

4 熟米饭放在手中, 捏成三角形, 放上玉米粒即可。

 Tips

可使用即食海苔来代替青海苔, 黄瓜也可以直接食用, 无须炒制。

干木鱼蒸饭

🍚 1人份

烹饪时间： 10分钟

电器：
微波炉　电烤箱　电磁炉　电蒸锅　榨汁机

准备材料：

熟米饭400克，干木鱼10克，胡萝卜60克，蒜末、姜末各少许，生抽3毫升，料酒、椰子油各3毫升，胡椒粉2克

可以拌入少许洋葱丁。

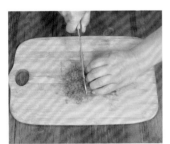

1 洗净的胡萝卜切片，再切丝，改切成丁。

2 熟米饭、胡萝卜丁放入碗中，拌匀。

3 加入生抽、料酒、椰子油、姜末、蒜末、胡椒粉拌匀。

4 撒上部分干木鱼，充分拌匀，盛入另一个碗中。

5 电蒸锅注水烧开，放上调好味的米饭，加盖，蒸8分钟。

6 取出米饭，撒上剩下的干木鱼即可。

日式烤饭团

 2人份

烹饪时间： 10分钟

电器：

微波炉　电烤箱　电磁炉　电蒸锅　榨汁机

准备材料：

热米饭200克，肉松15克，金枪鱼罐头1盒，海苔4片，芝麻5克，日式酱油8毫升

1 沥干金枪鱼肉的油水，捣碎；海苔剪成小片。

2 热米饭放入碗中，加入肉松、金枪鱼肉。

3 放入海苔片、芝麻。

也可不加入罐头汁。

4 淋入日式酱油、金枪鱼罐头汁拌匀。

5 米饭分成6等份，团成球，放入铺有锡箔纸的模具中。

6 放入预热至160℃的烤箱中层，烤8分钟即可。

蒸蔬菜

 2人份

烹饪时间： 10分钟

电器：

微波炉　电烤箱　电磁炉　电蒸锅　榨汁机

准备材料：

南瓜200克，红薯250克，西蓝花块50克，味噌20克，芝麻油5毫升，蜂蜜8克

> 喜欢辛辣口味可以在酱汁中加入适量的辣椒油。

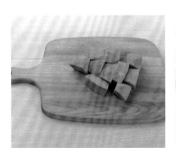

1 南瓜去皮，洗净，切成块。

2 红薯去皮，洗净，切小段；碗中放上味噌、芝麻油、蜂蜜、温水拌匀，制成调味汁。

3 加热电蒸锅，放入南瓜。

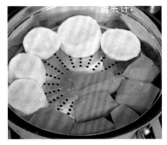

4 放入红薯段。

5 放入洗净的西蓝花块。

6 加盖，蒸9分钟，取出，搭配调味汁食用即可。

有机蔬菜藜麦饭

🍚 1人份

烹饪时间： 10分钟

电器：
微波炉　电烤箱　电磁炉　电蒸锅　榨汁机

准备材料：

藜麦、玉米粒各60克，胡萝卜、黄瓜各80克，盐、千岛酱各少许

藜麦有白色、黑色和红色，白色的口感较好。

1 黄瓜洗净，去皮，切成0.5厘米左右的小方粒。

2 胡萝卜洗净，去皮，切小方粒。

3 取一锅，注水烧开，放入适量盐，藜麦放入沸水中，煮8分钟左右，捞出。

4 煮藜麦的同时，另取一锅注水烧开，加入适量盐，放入胡萝卜粒和玉米粒，煮一会儿后捞出，沥干水分。

5 藜麦、胡萝卜粒、玉米粒和黄瓜粒一起装入碗中。

6 拌入千岛酱即可。

牛油果泡菜拌饭

 1人份

烹饪时间： 10分钟

电器：
微波炉　电烤箱　电磁炉　电蒸锅　榨汁机

准备材料：

牛油果、鸡肉末各100克，白洋葱、泡菜各35克，熟米饭150克，温泉蛋1个，熟姜末、蒜末各少许，辣椒粉3克，白芝麻、盐、白胡椒粉各2克，白糖10克，料酒4毫升，生抽3毫升，柠檬汁、椰子油各5毫升

1 牛油果去皮、去核，切成小块；白洋葱洗净，切丁。

2 热锅注入椰子油，倒入洋葱、鸡肉末炒散，炒至转色。

3 加入盐、白胡椒粉、料酒、白糖、生抽，炒匀入味。

4 加入辣椒粉、蒜末、姜末，炒匀入味，盛出。

5 牛油果上面淋上椰子油、柠檬汁，拌匀。

6 米饭倒入碗中，铺上牛油果、泡菜、鸡肉末，放上温泉蛋，撒上熟白芝麻即可。

 **关东煮**

 2人份

烹饪时间： 10分钟

电器：

微波炉　电烤箱　电磁炉　电蒸锅　榨汁机

准备材料：

白萝卜、魔芋各200克，海带结、油炸豆腐各100克，鱼豆腐150克，淡酱油、料酒、盐各少许

1 白萝卜去皮，洗净，切两段；魔芋洗净，切成三角形；鱼豆腐切成三角形。

2 锅中注水烧热，先放入萝卜块，再放入切好的魔芋块。

可以使用蘸鱼酱油或加入木鱼花和清酒。

3 洗净的海带结放入锅中，加入淡酱油拌匀，放入料酒、盐。

4 高火煮沸汤汁，放入切好的鱼豆腐，搅拌均匀后，续煮。

5 放入油炸豆腐，煮至食材熟软有香味后，盛出即可。

Tips

煮食材的过程中，可以用汤勺不断地往食材上浇汤汁，让食材更入味。